早餐晚餐

李光健◎编著

吉林科学技术出版社

作者简介

李光健 中国注册烹饪大师，国际烹饪艺术大师，国际餐饮专家评委，国家职业技能竞赛裁判员，国家中式烹调高级技师，国家高级公共营养师高级技师，中国烹饪协会理事，名厨委员会委员。获第六届全国烹饪技能大赛团体金奖、个人金奖，第三届全国技能创新大赛特金奖，首届国际中青年争霸赛金奖，第26届中国厨师节“中国名厨新锐奖”，2015年度中国最受瞩目的“青年烹饪艺术家”，2014年中国青年烹饪艺术家。第七届全国烹饪技能大赛评委，2017年央视《回家吃饭》栏目组特邀嘉宾。出版《家常菜 烘焙 主食 饮品大全》《超简单米饭面条》《美味家常炒菜》《中国名厨技艺博览》《青年烹饪艺术家作品集》《国际名厨宝典》等书。

编委会（排名不分先后）

李光健 兰晓波 葛国金 耿志胜 王国彪 王 旭 黄丽波
李光明 李东阳 乔洪岩 闫洪毅 刘梦宇 朱宝良 苑立梅
苑福生 袁德勇 王立宝 张金刚 邵 雷 李索城 孙铁柱
李雪峰 崔殿利 周 勇 于金水 于瑞强 王立志 徐 涛
田 雨 王 健 于海伟 何友安 王元浩 彭国辉 王 洋
曹永昊 王文涛 柳 庆 陈永吉 韩伟光 焦 帅 封立超
吕林义 杨春龙 关永富 李洪庆 刘春辉 王立辉 王振秋
孙 鹏 王 宇 袁德日 王金玲 董丽艳 孔庆伟 黄 蓓
赵 军 邵志宝

特别鸣谢

广东超霸世家食品有限公司

美味对对碰

第一章 早餐

1/2小匙≈2.5克

1小匙≈5克

1大匙≈15克

第二章 晚餐

1/2杯≈125毫升

1大杯≈250毫升

此菜配有视频制作过程

第一章

早餐

菠萝沙拉船

材料

菠萝、鸭梨、猕猴桃各1个，樱桃、樱桃番茄、草莓各25克

白糖2大匙，沙拉酱适量

做法

1 菠萝去掉外皮，横向切除1/3，剩余部分掏空后做盛器，放入盘中；把掏出的菠萝果肉切成小块，洗净。

2 猕猴桃去皮，切成小块；鸭梨去皮、去核，切成块；樱桃、樱桃番茄分别洗净；草莓去蒂，洗净，切成小块。

3 把猕猴桃块、鸭梨块、菠萝果肉块、樱桃、樱桃番茄、草莓块放入容器内，加入白糖和沙拉酱拌匀，放入菠萝船中，再挤上少许的沙拉酱即可。

葱油扁豆

难度 初级　时间 10分钟　口味 葱油味

材料

扁豆	250克
大葱	15克
精盐	1小匙
味精	少许
香油	2小匙
花椒油	1小匙

做法

1 扁豆撕去豆筋，用清水洗净，放入沸水锅内，加入少许精盐焯煮至熟，捞出扁豆，用冷水过凉，沥净水分，切成细丝。

2 大葱去根和老叶，洗净，切成葱花，放在小碗内，淋上烧热的香油炝出香味，凉凉成葱油。

3 扁豆丝放在容器内，加入精盐、味精、花椒油拌匀，码放在盘内，淋入葱油即可。

姜汁四季豆

材料

四季豆400克，胡萝卜25克

老姜25克，精盐1小匙，味精少许，米醋1大匙，香油2小匙

做法

1 四季豆掐去两端，撕去豆筋，用清水洗净，切成小段；胡萝卜去根，削去外皮，洗净，切成片。

2 老姜去皮，切成小粒，放入碗内，加入少许清水捣烂成姜汁，加入米醋、味精、精盐、香油拌匀成姜味汁。

3 锅中加入适量清水烧沸，放入四季豆段、胡萝卜片焯烫至熟，捞出、过凉，沥净水分，放入大碗中，加入调好的姜味汁拌匀，装盘上桌即可。

炝拌香菇丝

材料

水发香菇300克，莴笋、胡萝卜各50克

葱丝、姜丝各5克，精盐1小匙，味精、白糖各1/2大匙，花椒油2大匙

做法

1. 水发香菇去蒂，洗净，切成粗丝；莴笋去根，削去外皮，洗净，切成粗丝；胡萝卜去皮，洗净，切成丝。
2. 净锅置火上，加入清水和少许精盐，放入香菇丝、莴笋丝、胡萝卜丝焯烫一下，捞出、沥水。
3. 将香菇丝、莴笋丝、胡萝卜丝放入容器内，加入精盐、味精、白糖调拌均匀，撒上葱丝、姜丝，淋上烧至九成热的花椒油即可。

老汤干豆腐

材料

干豆腐500克，青尖椒、红尖椒各15克

大葱20克，姜块15克，精盐、味精各2小匙，香油少许，老汤、植物油各适量

做法

1. 干豆腐切成细丝；大葱洗净，切成葱段；姜块去皮，切成小片；青尖椒、红尖椒分别去蒂、去籽，切成细丝。
2. 锅置火上，加入植物油烧至五成热，分次放入干豆腐丝冲炸一下，捞出、沥油。
3. 净锅复置火上，加入老汤、葱段、姜片、精盐、味精烧沸，离火，放入干豆腐丝浸泡，食用时取出，码放在盘内，撒上青尖椒丝、红尖椒丝，淋入香油即可。

烟熏素鹅

材料

油豆皮200克，水发香菇、冬笋、胡萝卜各50克，锅巴、茶叶各少许

精盐、胡椒粉、酱油各1小匙，白糖2小匙，料酒、水淀粉各1大匙

做法

1 水发香菇、冬笋、胡萝卜洗净，均切成条，下入热锅内，加入料酒、酱油、精盐、胡椒粉和少许清水烧沸，用水淀粉勾芡，倒入容器中，凉凉成馅料。

2 酱油、白糖和清水加入容器内搅匀，放入油豆皮浸泡片刻，捞出、沥水，放上馅料，卷成素鹅生坯。

3 锅巴、茶叶、白糖用锡纸包严，放入熏锅内，架上箅子，放入素鹅生坯，置火上熏3分钟，取出，切成条即可。

香卤凤爪

材料

鸡爪(凤爪)750克

葱段20克，花椒5克，姜片、甘草各3片，精盐、料酒各1大匙，鸡精、香油各1/2小匙，高汤适量

做法

1. 鸡爪剥去黄皮，切除趾尖，剁成大小均匀的块，用清水漂洗干净，放入清水锅中烧沸，加入少许精盐，用小火煮至熟，捞入鸡爪，用冷水浸泡1小时。
2. 净锅置火上，加入高汤、葱段、姜片、花椒、甘草、精盐、料酒、鸡精煮30分钟成卤味汁，关火。
3. 将鸡爪放入卤味汁内，浸泡2小时至入味，食用时取出鸡爪，码放在盘内，淋入香油和少许卤味汁即可。

香熏鸽蛋

材料

鸽蛋400克，大米25克，茶叶10克

精盐1大匙，味精1小匙，白糖2大匙，香油少许，卤料包1个

做法

1. 鸽蛋洗净，放入清水锅中煮至熟，取出鸽蛋，过凉，剥去蛋壳。
2. 净锅置火上烧热，加入清水，放入卤料包、精盐、味精、少许白糖煮沸，放入鸽蛋卤3分钟，关火，把鸽蛋浸泡在卤味汁内，浸泡至入味，捞出鸽蛋。
3. 熏锅置火上，撒入大米、茶叶和白糖，放入鸽蛋，盖上盖熏2分钟，取出鸽蛋，刷上香油，直接上桌即可。

陈皮牛肉

材料

牛肉400克

姜末5克，陈皮10克，精盐1/2小匙，白糖、淀粉各1大匙，料酒、酱油各2大匙，植物油适量

做法

1 牛肉切成大片，加入少许料酒、酱油、淀粉拌匀，放入热油锅内炸至熟嫩，捞出、沥油，放在容器内。

2 将陈皮放入小碗中，加入适量温水浸泡至软，再换清水浸泡并洗净，捞出陈皮，切成细丝。

3 净锅置火上，加入植物油烧热，下入姜末、陈皮丝炒香，加入精盐、白糖、料酒、酱油、泡陈皮的清水熬煮成味汁，出锅，倒在盛有牛肉片的容器内拌匀即可。

风味卤鱼

材料

净草鱼中段500克

香葱花、葱段、姜片各10克，八角3个、酱油、料酒、白糖各2大匙，五香粉1小匙，精盐、味精各少许，香油1大匙，植物油适量

做法

1. 净草鱼中段洗净，切成斜块，加入葱段、姜片、酱油、料酒和精盐拌匀，腌渍30分钟，放入烧至六成热的油锅内炸至酥香，捞出、沥油。
2. 锅内留少许底油，复置火上烧热，放入八角，加入精盐、酱油、白糖、五香粉、味精和清水熬煮成卤汁。
3. 卤汁倒入容器内，放入香葱花和草鱼块拌匀，浸泡1小时，捞出草鱼块，码放在盘内，淋入香油和少许卤汁即可。

香菇鸡肉粥

材料

大米75克，鸡胸肉1块，鲜香菇50克，枸杞子少许

香葱花、姜丝各10克，精盐2小匙，料酒1大匙

做法

1 大米用清水浸泡（图1）；鸡胸肉放入锅内（图2），烹入料酒，用中火煮至熟，捞出（图3），切成大片（图4）；鲜香菇去掉菌蒂（图5），切成小条。

2 锅置火上烧热，加入冷水，倒入大米（图6），用旺火煮沸，改用中火煮30分钟成大米粥，撒上姜丝。

3 加入精盐，放入香菇条、熟鸡肉片（图7），继续煮至米粥浓稠，放入枸杞子，撒上香葱花即可。

黑米小米粥

材料

黑米	150克
小米	100克
冰糖	适量

做法

1 黑米去掉杂质，放在容器内，加上清水浸泡；小米淘洗干净，放入清水中浸泡60分钟。

2 净锅置火上，加入适量清水，放入黑米和小米，用旺火煮沸，改用小火煮40分钟至粥熟，加入冰糖煮至完全溶化，出锅上桌即可。

海椰黑糯米粥

材料

黑糯米	150克
海底椰	100克
白糖	适量

做法

1. 海底椰洗净，切成块，放入沸水锅内焯烫一下，捞出、过凉，沥水；黑糯米除去杂质，放入清水中浸泡。
2. 黑糯米放入净锅中，加入适量热水，用旺火煮30分钟，放入海底椰块，改用小火煮20分钟，放入白糖煮至溶化，出锅装碗即可。

燕麦黑糯米粥

材料

材料	用量
黑糯米	100克
燕麦	50克
桂圆	25克
红枣	15克
冰糖	适量

做法

1. 黑糯米、燕麦分别浸泡并且洗净；红枣洗净，去掉核；桂圆剥去外壳，去掉果核，取桂圆果肉。

2. 净锅置火上烧热，加入适量清水，放入黑糯米、燕麦烧沸，用旺火煮20分钟，加入红枣、桂圆肉，用小火煮30分钟，放入冰糖煮至溶化，出锅上桌即可。

莲子百宝糖粥

难度 初级　时间 3小时　口味 香甜味

材料

百宝粥料	100克
莲子	50克
白糖	适量

做法

1 把百宝粥料淘洗干净，加上清水浸泡2小时；莲子用温水浸泡至软，取出，放入沸水锅内焯烫一下，捞出、过凉，去掉莲子心。

2 将百宝粥料放入净锅中，加入适量清水烧沸，放入莲子，用小火煮60分钟至米烂成粥，加入白糖煮至溶化，出锅装碗即可。

金银黑米粥

难度 初级 时间 5小时 口味 香甜味

材料

黑米	100克
金银花	20克
白糖	适量

做法

1 黑米淘洗干净，放入清水中浸泡4小时；金银花洗净，放入沸水锅内焯烫一下，捞出、过凉，沥净水分。

2 净锅置火上，加入适量的清水，放入黑米和金银花，用旺火煮沸，改用小火煮50分钟至米烂粥熟，加入白糖煮至溶化，出锅装碗即可。

黑糯米红绿粥

材料

黑糯米	75克
绿豆、红豆	各50克
老姜	25克
冰糖	适量

做法

1 黑糯米、绿豆、红豆分别淘洗干净，用清水浸泡；老姜去皮，放在小碗内，加入少许清水捣烂成姜汁。

2 锅中加入适量清水，放入黑糯米、红豆、绿豆和姜汁烧煮至沸，改用小火煮60分钟，待米烂成粥时，加入冰糖煮至溶化，出锅上桌即可。

五彩玉米饭

材料

糯米150克，玉米粒100克，黑米、小米、绿豆、红小豆各25克

白糖3大匙

做法

1. 将玉米粒、绿豆、红小豆放入清水中浸泡8小时；糯米、黑米浸泡6小时；小米浸泡1小时。
2. 将泡好的玉米粒、绿豆、红小豆、黑米、小米、糯米和适量清水放入电饭锅内，盖严锅盖，定时30分钟，见开关跳起后再闷5分钟成五彩玉米饭。
3. 揭开锅盖，取出五彩玉米饭，盛入大碗中，加入白糖拌匀，直接上桌即可。

蘑菇菜心饭

材料

大米饭200克，蘑菇75克，油菜50克，鸡蛋1个

葱末、姜末各5克，精盐1小匙，味精、胡椒粉各少许，植物油1大匙

做法

1. 蘑菇去掉菌蒂，洗净，切成小块，放入沸水锅内焯烫一下，捞出、沥水；油菜去根，洗净，切成小段；鸡蛋磕入碗中，搅散成鸡蛋液。
2. 锅置火上，加入植物油烧热，放入鸡蛋液炒至定浆，加入葱末、姜末爆香。
3. 下入蘑菇块、大米饭翻炒片刻，加入精盐、味精、胡椒粉、油菜段炒拌均匀，出锅装碗即可。

辣白菜肉炒饭

材料

大米饭300克，熟五花肉150克，辣白菜100克

大葱、姜块各10克，精盐、味精、白糖各少许，酱油、料酒、植物油各1大匙

做法

1 将熟五花肉切成大薄片；辣白菜去根和老叶，切成小段；大葱去根和老叶，洗净，切成葱花；姜块去皮，切成碎末。

2 锅置火上，加入植物油烧热，放入葱花、姜末炝锅出香味，下入熟五花肉片、辣白菜段煸炒片刻。

3 加入酱油、料酒、精盐、味精和白糖，放入大米饭炒拌均匀，出锅装碗即可。

四喜饭卷

材料

大米饭400克，紫菜2张，虾仁、黄瓜、樱桃番茄、蟹柳各少许

精盐1小匙，白醋、白糖各1大匙，柠檬汁少许

做法

1 虾仁洗净，去除虾线，放入沸水锅内焯烫至熟，捞出、过凉；黄瓜加入精盐揉搓一下，洗净，切成小条。

2 将大米饭加入精盐、白醋、白糖、柠檬汁拌匀；蟹柳洗净，切成条状；樱桃番茄洗净，切成小块。

3 竹帘放在案板上，放上紫菜，抹上大米饭，摆上黄瓜条、樱桃番茄块、熟虾仁和蟹柳，把竹帘卷起成四喜饭卷，去掉竹帘，切成小块，装盘上桌即可。

什锦炒饭

材料

大米饭300克，虾仁、胡萝卜各75克，青豆50克，鸡蛋2个

香葱花10克，精盐1小匙，植物油2大匙，香油2小匙

做法

1. 胡萝卜去皮，切成丁（图1）；虾仁去掉虾线，切成丁（图2）；鸡蛋磕入碗内，打散成鸡蛋液（图3）。
2. 锅置火上，倒入清水煮沸，倒入胡萝卜丁、青豆和虾仁丁焯烫至熟（图4），捞出、过凉，沥净水分。
3. 锅内加入植物油烧热，倒入鸡蛋液炒至熟（图5），加入大米饭、青豆、胡萝卜丁和虾仁丁炒匀（图6），放入精盐，撒上香葱花，淋入香油，出锅即可（图7）。

海鲜伊府面

材料

面粉250克，墨鱼150克，净虾仁、鲜香菇、油菜心各50克，鸡蛋3个

葱段、姜片各少许，精盐、味精各1小匙，料酒1大匙，植物油适量

做法

1 面粉放在容器内，加入鸡蛋和清水调匀，揉匀成面团；墨鱼洗净，剞上一字刀，片成片，切成小条；鲜香菇洗净，去掉菌蒂，表面剞上花刀。

2 面团擀成面皮，切成细面条，放入清水锅中煮熟，捞出、沥水，放入热油锅内炸至上色，捞出。

3 锅内留底油烧热，加入葱段、姜片炒香，放入香菇、墨鱼、料酒和少许清水煮3分钟，加入精盐、味精、面条、净虾仁、油菜心炒匀，出锅装盘即可。

翡翠拨鱼

材料

菠菜、猪肉末各150克，面粉100克，茄子、豆芽、青椒、红椒各50克，鸡蛋1个

精盐1小匙，胡椒粉、味精各少许，料酒、酱油各1大匙，花椒油2小匙，植物油适量

做法

1 把菠菜洗净，放入粉碎机中，加入鸡蛋、精盐、料酒搅打成蓉，加入面粉拌匀成面糊；茄子、青椒、红椒分别择洗干净，均切成小丁。

2 锅中加上植物油烧热，放入猪肉末、茄子丁、清水炖5分钟，加入酱油、精盐、胡椒粉和味精，放入青椒丁、红椒丁炒匀，出锅，淋上花椒油成面卤。

3 锅中加入清水烧沸，用筷子拨入面糊成拨鱼，加入洗净的豆芽略煮，出锅，淋上面卤即可。

肉丝炒面

材料

鸡蛋面200克，猪里脊肉100克，香菇丝、胡萝卜丝各50克

葱段10克，精盐1小匙，胡椒粉1/2小匙，淀粉1大匙，酱油、植物油各2大匙

做法

1 猪里脊肉洗净，切成细丝，放入碗中，加入酱油、淀粉抓拌均匀，腌渍10分钟；鸡蛋面放入沸水锅中煮至熟，捞出、沥水。

2 锅内加入植物油烧热，下入葱段炒香，放入猪肉丝、香菇丝、胡萝卜丝翻炒均匀。

3 加入酱油、精盐、胡椒粉和少许清水烧沸，放入熟鸡蛋面炒至收汁，出锅装盘即可。

怪味凉拌面

材料

挂面200克

葱花、蒜末各少许，芝麻酱、味精、花椒粉、生抽、白糖、辣椒油、米醋、植物油各适量

做法

1. 净锅置火上，加入植物油烧至五成热，下入花椒粉煸炒出香味，出锅，放在小碗内，加入芝麻酱、少许清水、米醋、生抽、白糖、辣椒油、味精拌匀成怪味汁。
2. 锅中加入清水烧沸，下入挂面煮约8分钟至熟，捞出挂面，过凉，沥干水分，放在面碗内。
3. 将调好的怪味汁浇在挂面上，撒上葱花和蒜末，食用时拌匀即可。

牛肉茄子馅饼

材料

面粉400克，茄子200克，牛肉末150克

葱末、姜末各5克，胡椒粉少许，精盐、花椒水各2小匙，香油、料酒、黄酱、植物油各适量

做法

1 茄子洗净，放入蒸锅中蒸至熟，取出、凉凉，放入容器中，加入精盐、黄酱、葱末、姜末、香油、料酒、胡椒粉、花椒水和牛肉末拌匀成茄泥牛肉馅料。

2 面粉放入容器中，加入温水和成面团，揪成面剂，擀成面皮，包上茄泥牛肉馅料，按扁成馅饼生坯。

3 平锅置火上，加入植物油烧热，放入馅饼生坯，用中火烙至馅饼熟香，取出装盘即可。

香河肉饼

材料

面粉、牛肉末各300克，鸡蛋1个

葱花、姜末各25克，十三香2小匙，味精、豆瓣酱、甜面酱、酱油、香油、植物油各适量

做法

1. 牛肉末放入容器中，磕入鸡蛋，加入酱油、甜面酱、豆瓣酱拌匀，放入十三香、香油、味精和姜末搅打上劲，静置20分钟，加入葱花拌匀成馅料。
2. 面粉放入盆中，淋入少许沸水烫一下，加入适量温水和匀成面团，饧发30分钟，揉搓均匀，下成面剂，按扁后包入馅料，擀成圆饼状成肉饼生坯。
3. 平底锅置火上，加入植物油烧热，放入肉饼生坯烙至熟，装盘上桌即可。

韭菜盒子

材料

面粉400克，韭菜250克，猪肉末100克，虾皮25克，鸡蛋2个

鸡精、白糖、胡椒粉、料酒、香油、酱油、熟猪油、植物油各适量

做法

1. 韭菜洗净，切成碎末；鸡蛋打散，放入锅内炒成鸡蛋碎；猪肉末加入鸡精、白糖、胡椒粉、料酒、香油、酱油拌匀，加入虾皮、鸡蛋碎、韭菜末搅匀成馅料。
2. 面粉倒在案板上，扒一凹窝，加入熟猪油和热水和成烫面面团，搓成长条，切成面剂，擀成面皮，放上少许馅料，合上、封口，捏出花边成韭菜盒子生坯。
3. 平锅置火上，加入植物油烧热，放入韭菜盒子生坯，用中火煎烙至金黄、熟香，出锅装盘即可。

翡翠鸡蛋饼

材料

面粉250克，鸡蛋3个，香肠、青椒、西红柿各50克

香葱花25克，精盐2小匙，植物油适量

做法

1. 少许面粉用沸水略烫一下，加入精盐、植物油、面粉和冷水和成面团，分成块，擀成薄片，抹上植物油，卷起后抻成长条，盘成圆形，擀成薄饼生坯。
2. 鸡蛋磕在大碗内，放入香葱花拌匀成鸡蛋液；香肠、青椒、西红柿分别择洗干净，切成小丁。
3. 平锅加入植物油烧热，放入薄饼生坯稍煎，淋入鸡蛋液，撒上香肠丁、青椒丁、西红柿丁煎至蛋液凝固，翻面，继续煎至两面上色且熟香，出锅装盘即可。

培根鸡肉卷

材料

鸡胸肉250克，培根片100克，黄瓜条、胡萝卜条各50克，时令蔬菜少许

百里香3克，精盐、胡椒粉各1/2小匙，白葡萄酒1大匙，黑椒汁2大匙

做法

1 鸡胸肉放在大盘中，加入白葡萄酒（图1）、百里香、精盐和胡椒粉拌匀（图2），片成大片（图3），摆上胡萝卜条和黄瓜条（图4），从一侧卷起成鸡肉卷。

2 把培根片放在案板上，摆上鸡肉卷（图5），再把培根片卷起成培根鸡肉卷，放入烧热的扒台上，用中火煎烤至培根鸡肉卷色泽金黄、熟香（图6）。

3 将培根鸡肉卷切成小块（图7），码放在盘内，用时令蔬菜加以点缀，淋上黑椒汁即可。

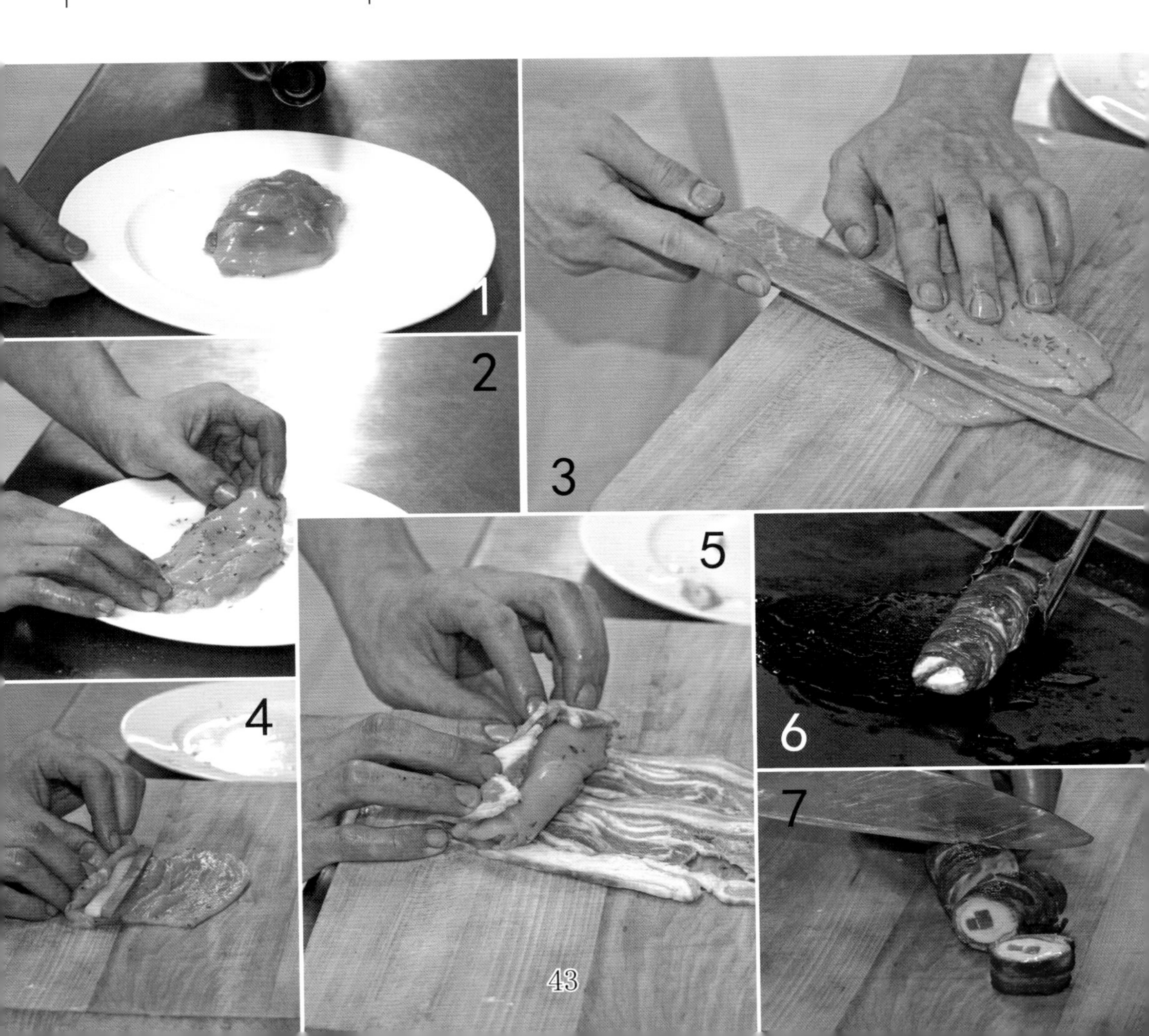

骑士面包

材料

高筋面粉1000克，枣泥300克，鸡蛋清、鸡蛋黄各150克，鲜酵母、白芝麻各10克

精盐、白糖各少许，植物油适量

做法

1 300克高筋面粉加入鸡蛋清、白糖、鲜酵母和清水调匀成面团，发酵1小时；剩余面粉加入鸡蛋黄、白糖、精盐调匀成面团，发酵至膨松。

2 将两块面团一同搓匀，揪成面剂，揉成面球，按扁后包入枣泥，放在涂抹植物油的烤盘内，饧发片刻。

3 取出生坯，刷上少许鸡蛋黄，撒上白芝麻，放入预热烤炉内，用180℃烘烤25分钟至熟即可。

草莓丹麦包

难度 中级 | 时间 60分钟 | 口味 香甜味

材料

高筋面粉	2000克
鸡蛋	6个
黄油	150克
酵母	50克
牛奶、奶油	各适量
净草莓	75克
木糖醇	250克
精盐	少许

做法

1 将高筋面粉、鸡蛋、黄油、酵母、牛奶、木糖醇和精盐放入搅拌器内，慢慢加入清水，用慢速搅打15分钟成面团，用压面机压成面片。

2 把面片切成8厘米大小的正方形，几张叠放在一起，对角折叠，在两边分别切上刀口成丹麦包生坯。

3 生坯放入烤盘，送入饧发箱至完全饧发，挤上奶油，放入烤箱内烤至熟，取出、凉凉，放上净草莓即可。

早餐肠包

材料

高筋面粉750克，低筋面粉、黄油各125克，酵母少许，鸡蛋3个，早餐肠适量

牛奶200克，木糖醇250克，精盐3克

做法

1 将高筋面粉、低筋面粉、酵母、精盐放入容器内，磕入鸡蛋，加入黄油、牛奶和木糖醇拌匀成面团，分成小面剂，搓成圆形，饧发30分钟，擀成椭圆形片。

2 用椭圆形片包入早餐肠，在表面划两刀，放入饧发箱至完全饧发，表面刷上少许鸡蛋液成生坯，送入预热的烤箱内，烘烤约15分钟至上色即可。

瓜子蛋糕

材料

材料	用量
低筋面粉	200克
牛奶、瓜子仁	各100克
香蕉、芝麻	各75克
可可粉	50克
小苏打	5克
鸡蛋	2个
红糖	150克
植物油	100克

做法

1 低筋面粉、可可粉、小苏打放入容器内混拌均匀，过筛去除杂质；香蕉去皮，压成香蕉蓉。

2 将植物油、红糖放入另一容器内，用打蛋器搅打均匀，磕入鸡蛋，慢慢搅拌均匀，放入牛奶、香蕉蓉、芝麻和过筛的粉类拌匀成蛋糕浓糊。

3 蛋糕模具内刷上植物油，倒入蛋糕浓糊，撒上瓜子仁，放入烤炉内烘烤20分钟至熟，取出上桌即可。

绿茶曲奇条

材料

面粉	300克
黄油	150克
鸡蛋	3个
绿茶粉	20克
精盐	少许
白糖	125克

做法

1 将黄油放入容器内，加入白糖混合，搅拌5分钟，磕入鸡蛋，充分搅拌均匀成黄油液。

2 黄油液容器内加入面粉、绿茶粉、精盐，用手搅拌均匀成糊料（注意不可长时间搅拌以避免粉料上劲儿）。

3 将糊料装入裱花袋中，在烤盘上挤成长条形，成绿茶曲奇条生坯，放入烤箱，用180℃的炉温烘烤12分钟，取出上桌即可。

金丝枣饼干

材料

面粉200克，金丝枣150克，泡打粉、苏打粉各2克，鸡蛋1个

香草油、精盐各少许，黄油125克，白糖100克，红糖75克

做法

1. 黄油、红糖和白糖混合搅拌5分钟，加入鸡蛋、香草油混合均匀，放入面粉、精盐、苏打粉和泡打粉搅匀，再加入切碎的金丝枣搅匀成饼干面团。
2. 饼干面团搓成直径4厘米的长棍形状，切成小面团，搓成圆形，用手轻轻压扁成饼干生坯。
3. 把饼干生坯整齐地摆放在烤盘上，放入烤箱，用180℃的炉温烘烤12分钟，取出上桌即可。

巧克力曲奇

材料

面粉	300克
黄油	250克
鸡蛋	75克
可可粉	50克
香草油	3克
精盐	2克
白糖	150克

做法

1 将黄油、白糖放入容器内，混合搅拌5分钟，磕入鸡蛋，加入香草油混合均匀。

2 加入面粉、可可粉、精盐搅拌均匀成浓糊，装入裱花袋中，在烤盘上挤出曲奇饼干形状。

3 把盛有曲奇饼干生坯的烤盘放入预热烤箱内，用180℃的炉温烘烤12分钟，取出上桌即可。

水果布丁

材料

草莓250克，黄桃、猕猴桃各80克，鸡蛋2个

黄油200克，玉米粉15克，香草粉、香精各少许，白糖250克

做法

1 黄桃、弥核桃、草莓分别洗净，切成小块；将黄油、白糖放入容器内搅打均匀，磕入鸡蛋，慢慢搅打均匀。

2 加入玉米粉、香精、香草粉拌匀，加入切成小块的草莓、黄桃、猕猴桃拌匀成布丁料。

3 取布丁模具一个，倒入调好的布丁料，用油纸密封，放入蒸锅内蒸1小时，取出布丁，去掉封纸，码入盘内即可。

杏脯派

材料

材料	用量
生甜派底	8个
杏脯	150克
黄油	100克
鸡蛋	2个
杏仁粉	75克
低筋面粉	20克
糖水	适量
白糖	125克

做法

1. 将杏脯放入净锅中，加入糖水，用小火煮至沸，出锅；鸡蛋磕在碗内，打散成鸡蛋液。
2. 不锈钢盆内放入黄油、白糖搅拌至溶化，慢慢地加入鸡蛋液，充分搅拌均匀，加入过细筛的杏仁粉、低筋面粉，搅拌均匀成浓糊状。
3. 把浓糊灌入生甜派底内，摆上杏脯，放入预热烤箱内，用170℃烘烤约25分钟至表面凝固，取出上桌即可。

黄桃杏仁派

材料

生甜派底	8个
黄桃（罐头）	200克
黄油	100克
鸡蛋	2个
杏仁粉	50克
低筋面粉	40克
白糖	100克

做法

1. 黄油放入搅拌器内打发；黄桃取出，沥水，切成大小均匀的块；鸡蛋磕在碗内，调匀成鸡蛋液。
2. 容器内倒入打发的黄油，加入白糖搅拌均匀至白糖溶化，加入鸡蛋液搅拌均匀，放入过细筛的杏仁粉和低筋面粉搅匀成馅料。
3. 馅料灌入生甜派底内至八成满，放上黄桃块，放入烤箱内烘烤20分钟至色泽金色，取出上桌即可。

银耳炖雪梨

材料

材料	用量
水发银耳	10克
雪梨	1个
红枣	25克
枸杞子	10克
冰糖	75克

做法

1 水发银耳去掉硬底（图1），撕成小朵（图2），洗净，沥水；雪梨洗净，放在案板上，去蒂（图3），切成1厘米厚的大片（图4），去掉梨核，再切成小块（图5）。

2 红枣放在碗内，加入少许温水浸泡片刻，再换清水洗净，捞出、沥水，去掉枣核；枸杞子择洗干净。

3 锅置火上，加入清水烧沸，倒入银耳烧沸（图6），加入雪梨块（图7），用中火熬煮15分钟，放入冰糖煮10分钟，加入红枣和枸杞子稍煮，出锅上桌即成。

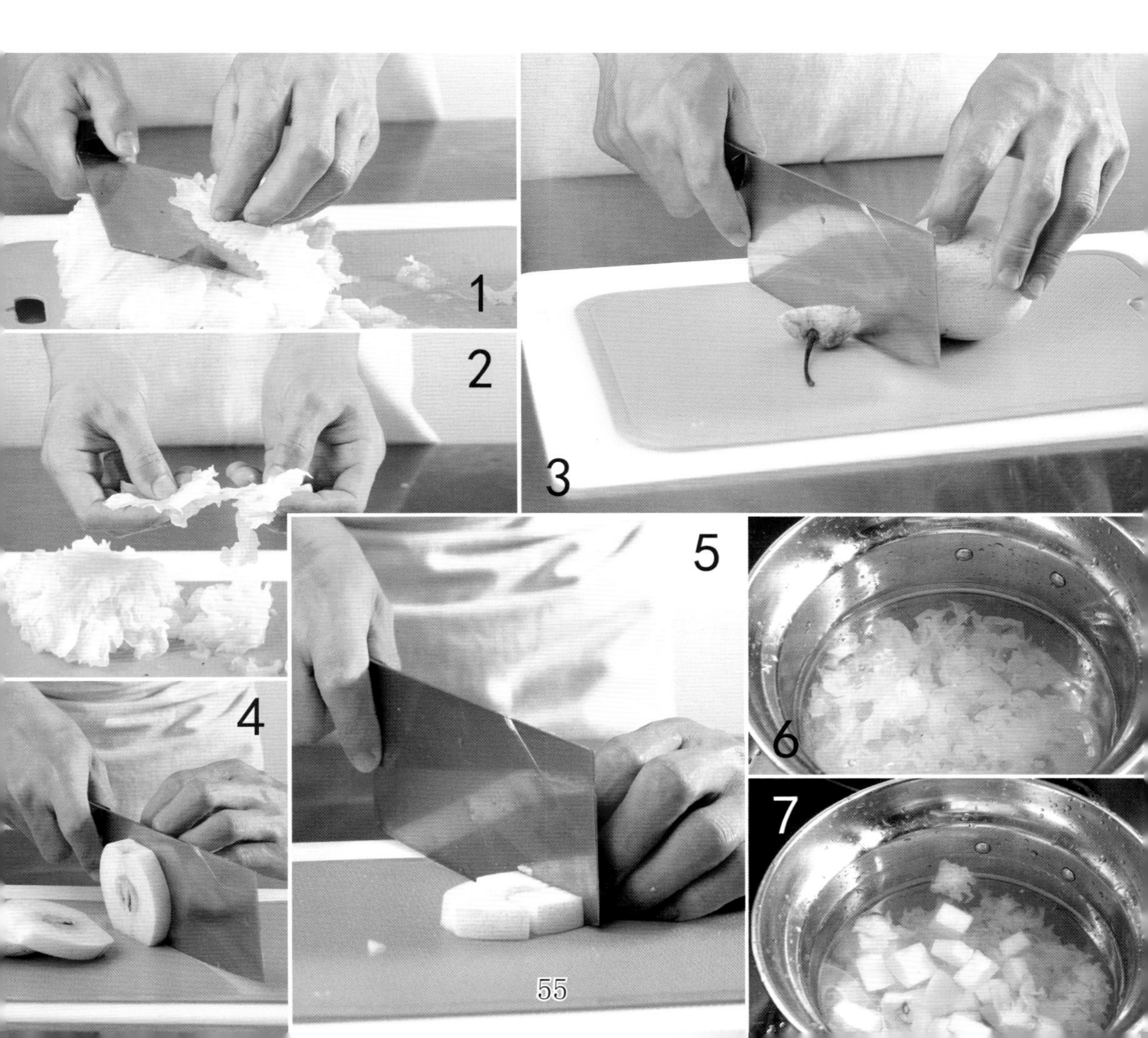

草莓苹果汁

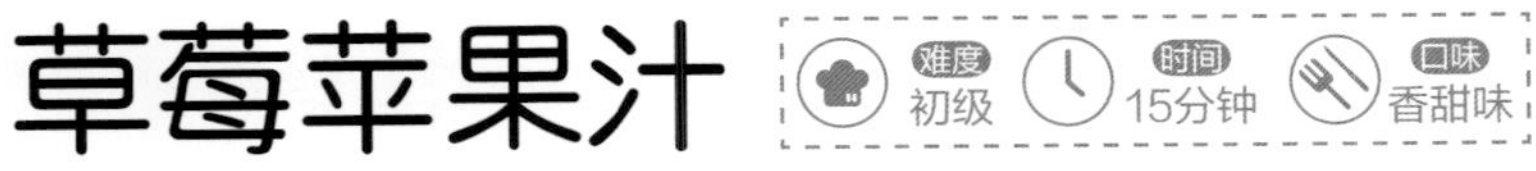

材料

苹果	200克
草莓	100克
精盐	少许
糖浆	2大匙
矿泉水	1000毫升
冰块	适量

做法

1 将苹果洗净，削去外皮，去掉果核，切成小块；草莓去蒂，放入盆内，加上清水和精盐拌匀，浸泡10分钟，取出，再换清水洗净。

2 把苹果块、草莓放入果汁机中，加入矿泉水搅打均匀成草莓苹果汁，分别倒入玻璃杯中，加入糖浆、冰块调匀即可。

柠檬橙汁

难度 初级　时间 10分钟　口味 酸甜味

材料

香橙	2个
柠檬	1个
蜂蜜	1大匙
冰块	适量

做法

1 将柠檬洗净，擦净表面水分，放在压汁器内，压取柠檬汁；香橙洗净，剥去外皮，去掉白色筋膜，取净橙肉，切成小块。

2 将橙肉块放入果汁机内，先放入打碎的冰块调匀，再放入柠檬汁和蜂蜜，用中速搅打成柠檬橙汁，取出，倒入杯中即可。

健脑果汁

材料

水蜜桃	1个
葡萄	10粒
鸭梨	1个
蜂蜜	1大匙
矿泉水	适量

做法

1. 将鸭梨洗净，削去外皮，去掉果核，切成小块；葡萄洗净，剥去外皮；水蜜桃洗净，剥去外皮，去掉果核，取净果肉，切成小块。
2. 将水蜜桃块、葡萄粒、鸭梨块放入果汁机中，加入矿泉水搅打均匀成健脑果汁，放入蜂蜜调拌均匀，取出，倒入杯中即可。

乌梅桂花汁

材料

乌梅	15粒
糖桂花	10克
冰糖	2大匙
矿泉水	500毫升
冰块	适量

做法

1. 将乌梅洗净，去除果核，切成小块；把冰块用利器砸碎。

2. 净锅置火上，加入矿泉水，放入乌梅和冰糖，用旺火煮沸，转小火煮10分钟，离火、凉凉，加入糖桂花调匀，倒入容器内，加上碎冰块调匀即可。

萝卜美白汁

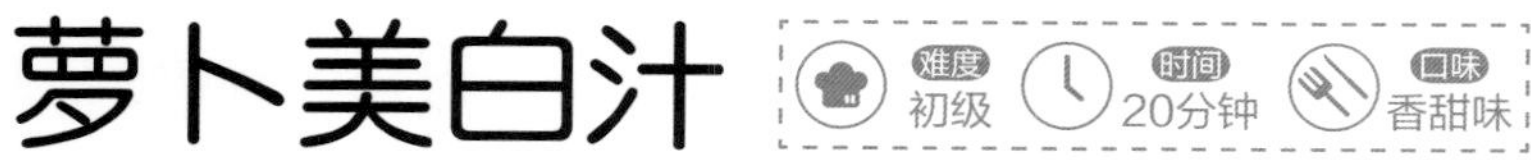

材料

白萝卜	100克
苹果	1个
橙子	1/2个
果味汽水	150毫升
蜂蜜	2大匙

做法

1. 将白萝卜洗净，削去外皮，切成小块；苹果洗净，去皮和果核，切成小块；橙子洗净，切成小瓣，剥去外皮，去掉果核，取净果肉。

2. 将白萝卜块、苹果块、橙子肉放入果汁机中，加入果味汽水，搅打均匀成萝卜美白汁，取出，倒入玻璃杯中，加入蜂蜜调拌均匀即可。

红薯豆浆汁

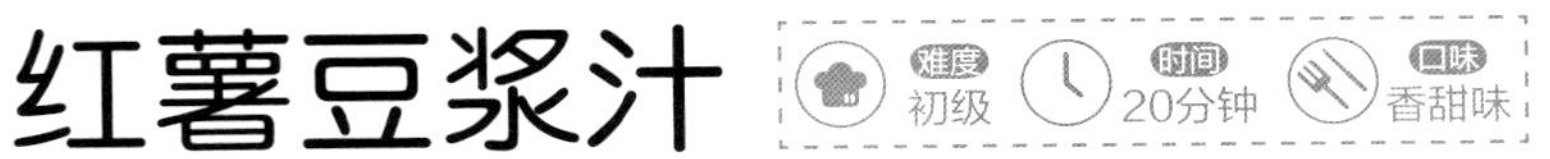

材料

红薯	250克
豆浆	200克
冰糖	50克
冰块	适量

做法

1. 将红薯洗净，擦净水分，削去外皮，切成大块，放入蒸锅内，用旺火蒸至熟，取出、凉凉。

2. 将红薯块、豆浆、冰糖一同放入果汁机中，用中速搅打均匀成红薯豆浆汁，倒入玻璃杯内，加入砸碎的冰块拌匀即可。

南瓜豆浆汁

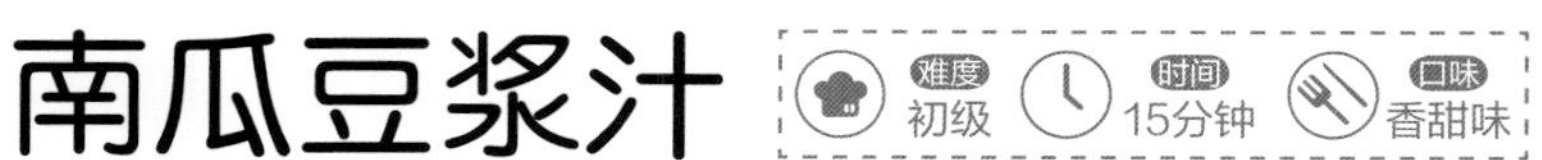

材料

南瓜	150克
水发黄豆	100克
玉米片	50克
熟豆浆	400毫升
蜂蜜	2大匙

做法

1 将南瓜洗净，擦净水分，削去外皮，去掉南瓜瓤，切成小块，放在盘内，包上保鲜膜，放入微波炉中加热3分钟，取出；水发黄豆放入清水锅中煮至熟，捞出。

2 将水发黄豆剥去外膜，放在果汁机内，加入南瓜块、玉米片调匀，放入熟豆浆、蜂蜜搅打均匀成南瓜豆浆汁，倒入杯中即可。

香葱苹果汁

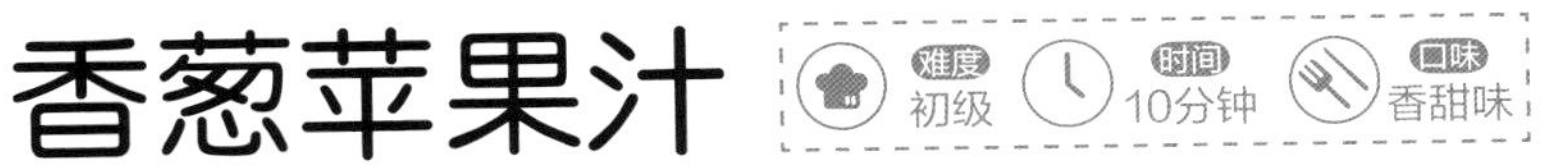

材料

苹果	1个
香葱	150克
苹果醋	1大匙
蜂蜜	2小匙
矿泉水	适量

做法

1 香葱择洗干净，切成碎粒，包上保鲜膜，放入微波炉中加热1分钟，取出；苹果去蒂，洗净，削去外皮，切成两半，去掉果核，切成小块。

2 将香葱粒放入果汁机中，加入苹果块、苹果醋、蜂蜜、矿泉水搅打均匀成香葱苹果汁，倒入杯中即可。

养生润肺茶

材料

干桂花	10克
糖桂花	1小匙
矿泉水	500毫升
冰糖	适量

做法

1. 将干桂花去掉杂质，放在容器内，加上少许温水浸泡几分钟，捞出，放入沸水锅内焯烫一下，捞出、沥净水分。

2. 把桂花放入玻璃杯中，倒入烧沸的矿泉水冲泡，加入糖桂花调匀，加盖后闷5分钟成茶汁，放入冰糖调匀即可。

枣杞黄芪茶

材料

红枣	30克
枸杞子	20克
黄芪	15克
冰糖	少许

做法

1 将黄芪用温水浸泡并洗净，捞出、沥净水分；红枣洗净，去蒂，切成两半，去掉枣核，取净枣肉。

2 净锅置火上，加入适量的清水稍煮，下入黄芪、红枣煮至沸，转小火煮10分钟。

3 加入洗净的枸杞子，放入冰糖，继续煮5分钟，离火，用细纱布过滤后取茶汁，倒入杯中即可。

瘦身咖啡

材料

冰咖啡1杯(约200毫升),蓝莓糖浆25毫升,椰肉适量

白糖、碎冰块各适量,蜂蜜1大匙

做法

1 将冰咖啡、蓝莓糖浆、蜂蜜、少许碎冰块放入果汁机中,先用中速搅拌3分钟,加入椰肉、白糖,继续搅打均匀成咖啡饮。

2 取出加工好的咖啡饮,倒入净玻璃杯中,加入少许碎冰块调匀即可。

果酒冰咖啡

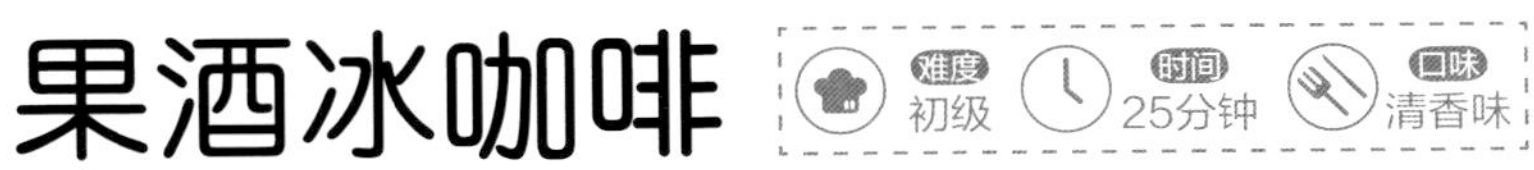

材料

咖啡	250毫升
水果酒	125毫升
冰块	适量

做法

1 将咖啡倒入玻璃杯中，放入冰箱冷藏室内冷藏20分钟至凉，取出。

2 把冰块用利器砸碎，放入盛有咖啡的玻璃杯内搅拌均匀成冰咖啡，再慢慢倒入水果酒，充分搅拌均匀，即可上桌饮用。

第二章 晚餐

木耳炒大白菜

材料

大白菜300克，五花肉100克，木耳10克

葱段、姜片、蒜片各15克，精盐2小匙，胡椒粉少许，香油1小匙，植物油2大匙

做法

1. 大白菜去掉菜根，取大白菜嫩叶部分，撕成大片；五花肉切成大片；木耳用清水浸泡至涨发，换清水洗净，去蒂，撕成小块。
2. 净锅置火上，加入植物油烧至五成热，下入五花肉片煸炒至变色，加入大白菜嫩叶稍炒。
3. 放入葱段、姜片、蒜片、水发木耳块炒匀，加入精盐、胡椒粉调好口味，淋入香油，出锅装盘即可。

石锅豉椒娃娃菜

材料

娃娃菜500克，泡椒、小米椒、香葱各15克

蒜瓣10克，老干妈豆豉酱、海鲜酱油各1大匙，花椒粉、鸡精、精盐、白糖各少许，植物油3大匙

做法

1 娃娃菜洗净，切成长条，放入热锅内炒出水分，出锅；泡椒、小米椒洗净，切成小丁；香葱洗净，切成段。

2 净锅置火上，加入植物油烧至六成热，放入蒜瓣煸炒出香味，加入泡椒丁、小米椒丁、香葱段、花椒粉、海鲜酱油和老干妈豆豉酱炒出香辣味。

3 放入娃娃菜，加入精盐、鸡精和白糖翻炒均匀，出锅，盛放在烧热的石锅内，直接上桌即可。

海米娃娃菜

材料

娃娃菜	400克
海米	50克
枸杞子	5克
香葱	15克
精盐	1小匙
水淀粉	1大匙
香油	2小匙

做法

1　把香葱洗净，切成香葱花（图1）；海米洗净，放在小碗内，加上温水浸泡片刻；枸杞子洗净。

2　娃娃菜洗净，去掉菜根，顺长切成小条（图2），放入沸水锅内（图3），加上少许精盐焯烫至熟，捞出、沥水，码放在深盘内（图4）。

3　把海米连水倒入净锅内（图5），加入精盐，淋入香油烧沸，用水淀粉勾芡（图6），出锅，浇淋在娃娃菜上（图7），撒上枸杞子和香葱花即可。

莲花茄子

材料

茄子200克，干豆腐150克，胡萝卜丝75克，香菜段15克

葱丝25克，甜面酱2大匙，沙茶酱、水淀粉各1大匙，植物油适量

做法

1 将干豆腐修边，涂抹上一层甜面酱，撒上胡萝卜丝、葱丝和香菜段，从干豆腐一侧卷起成干豆腐卷，斜切成小段，码放在盘子四周。

2 茄子洗净，切成小条，加入水淀粉拌匀，放入烧至六成热的油锅内炸至熟，捞出、沥油。

3 锅置火上烧热，下入清水、沙茶酱和茄条烧几分钟，出锅，倒在盛有干豆腐卷的盘内，撒上少许葱丝即可。

盘龙茄子

材料

茄子400克，五花猪肉粒75克

葱段、姜片、蒜片各10克，郫县豆瓣酱、豆豉各1大匙，老抽、白糖、鸡精、精盐、蚝油、五香粉、水淀粉、香油、植物油各适量

做法

1 茄子去蒂，洗净，表面剞上花刀，放入烧至七成热的油锅内炸3分钟，捞出、沥油。

2 原锅留少许底油烧热，下入五花猪肉粒煸炒至变色，加入郫县豆瓣酱、葱段、姜片、蒜片、豆豉、清水、精盐、老抽、白糖和鸡精烧沸。

3 放入茄子，用旺火烧至入味，加入蚝油、五香粉调匀，用水淀粉勾薄芡，淋入香油，出锅上桌即可。

香辣甘蓝丝

材料

结球甘蓝400克，香菜25克

干红辣椒10克，精盐、味精、米醋各1小匙，植物油适量

做法

1. 结球甘蓝剥去老皮，去掉菜根，洗净，切成细丝；香菜洗净，切成小段；干红辣椒去蒂、去籽，切成小段。
2. 把结球甘蓝丝放入大碗中，加入精盐拌匀，腌渍片刻，取出，攥净水分，放入容器内，加入少许精盐、米醋、味精，放入香菜段拌匀，码放在深盘中。
3. 净锅置火上，加入植物油烧至七成热，下入干红辣椒段煸炒出香辣味，出锅，浇在结球甘蓝丝上即可。

炝拌油菜

材料

油菜	500克
大葱	15克
姜块	10克
精盐	1小匙
味精	1/2小匙
香油	2小匙

做法

1 油菜去掉菜根，择去老叶，洗净，放入沸水锅中，加入少许精盐焯烫至熟，捞出、沥水。

2 大葱去除根和老叶，洗净，切成细丝；姜块去皮，洗净，切成末。

3 将熟油菜放在干净容器内，加入精盐和味精调拌均匀，撒上葱丝和姜末，浇淋上烧至八成热的香油炝拌出香味，装盘上桌即可。

油渣土豆丝

难度 中级　时间 15分钟　口味 香辣味

材料

土豆	400克
五花肉	100克
韭菜	50克
树椒	5克
姜片、蒜片	各10克
精盐	1小匙
酱油	2小匙
白糖	少许

做法

1 土豆去皮，洗净，切成细丝，放入清水中浸泡片刻，捞出、沥水；韭菜去根和老叶，洗净，切成小段；五花肉去掉筋膜，洗净，切成小粒；树椒洗净，切成小段。

2 净锅置火上烧热，下入五花肉粒，用中火不停煸炒至肉粒出油脂，继续炒至肉粒干香，放入树椒段、蒜片、姜片煸炒出香辣味。

3 下入土豆丝，用旺火翻炒至熟，加入酱油、精盐、白糖调好口味，放入韭菜段炒匀，出锅装盘即可。

QQ蔬菜球

材料

土豆250克，胡萝卜75克，芹菜50克，香菇35克，香菜末25克，鸡蛋2个

牛奶4大匙，精盐2小匙，鸡精少许，植物油适量

做法

1 胡萝卜去皮，切成小丁；芹菜取嫩茎，切成末；香菇去蒂，切成小丁；土豆洗净，放入蒸锅内蒸至熟，取出、凉凉，剥去外皮，放入容器中，捣烂成土豆泥。

2 土豆泥内加入牛奶、精盐、鸡精、鸡蛋、胡萝卜丁、香菇丁、芹菜末、香菜末拌匀，挤成大小均匀的蔬菜球。

3 净锅置火上，加入植物油烧至六成热，下入蔬菜球生坯炸至色泽金黄，捞出、沥油，装盘上桌即可。

萝卜干腊肉炝芹菜

材料

芹菜250克，腊肉100克，咸萝卜干80克，红辣椒、青蒜各20克

葱末、姜末各5克，红泡椒碎1大匙，味精少许，白糖、酱油、醪糟、植物油各2大匙

做法

1. 腊肉放入蒸锅内蒸至熟，切成片；青蒜洗净，切成粒；红辣椒洗净，切成条；咸萝卜干用清水浸泡；芹菜洗净，切成小段，放入沸水锅中略焯，捞入盘内。
2. 锅置火上，加入植物油烧热，下入葱末、姜末、红泡椒碎炒出香辣味，放入咸萝卜干翻炒一下，放入腊肉片，加入醪糟、酱油、白糖炒匀。
3. 放入青蒜粒、红辣椒条翻炒均匀，加入味精，出锅，倒在盛有芹菜段的盘中，食用时拌匀即可。

香芋地瓜丸

难度：初级　时间：25分钟　口味：香甜味

材料

材料	用量
地瓜	200克
香芋	150克
糯米粉	75克
白糖	2大匙
植物油	适量

做法

1. 地瓜、香芋分别洗净，切成大块，放入蒸锅内，用旺火蒸至熟，取出、凉凉，剥去外皮，分别压成香芋蓉、地瓜蓉。
2. 把香芋蓉、地瓜蓉放在容器内，加入糯米粉、白糖拌匀，团成直径4厘米大小的丸子成香芋地瓜丸生坯。
3. 净锅置火上，加入植物油烧至五成热，下入香芋地瓜丸生坯炸至色泽金黄，捞出、沥油，装盘上桌即可。

风味山药泥

材料

山药	500克
山楂糕	2块
白糖	2大匙
植物油	4大匙

做法

1. 山药刷洗干净，放在笼屉内，用旺火蒸20分钟至熟，取出、凉凉，剥去外皮，用刀碾成山药蓉；山楂糕用圆形模具切成小片。
2. 净锅置火上，加入植物油烧至六成热，放入山药蓉，加入白糖翻炒均匀，出锅。
3. 用圆形模具把山药泥压成桶状，码放在盘中，摆放上山楂糕片，即可上桌食用。

栗子双菇

材料

水发香菇、蘑菇各150克，栗子100克，冬笋、青豆各25克

精盐、白糖各1小匙，香油2小匙，水淀粉、植物油各1大匙

做法

1. 把栗子放入沸水锅中煮至熟，捞出、过凉，剥去外壳和子膜，取净栗子肉；水发香菇、蘑菇分别去蒂，洗净；青豆择洗干净；冬笋去根，洗净，切成小片。
2. 炒锅置火上，加入植物油烧至六成热，下入香菇、蘑菇炒匀，加入精盐、白糖、少许清水煮至沸。
3. 用小火烧至入味，放入栗子肉、冬笋片、青豆翻炒均匀，用水淀粉勾芡，淋入香油，出锅装盘即可。

四色山药

材料

山药200克，木瓜100克，黄瓜75克，胡萝卜50克，青椒30克，水发木耳25克

精盐2小匙，鸡精少许，白糖1小匙，水淀粉适量，植物油1大匙

做法

1 山药、黄瓜、胡萝卜、木瓜分别洗净，去皮，切成小块；青椒洗净，切成小丁；水发木耳去蒂，撕成小块。

2 山药块、黄瓜块、木瓜块、胡萝卜块、水发木耳块放入沸水锅内，加入少许精盐焯烫一下，捞出、沥水。

3 锅内加入植物油烧热，放入山药块、黄瓜块、胡萝卜块、青椒丁、木耳块略炒，加入精盐、鸡精、白糖，用水淀粉勾芡，放入木瓜块翻炒几下，出锅装盘即可。

剁椒金针菇

难度 初级 时间 25分钟 口味 香辣味

材料

金针菇	300克
猪五花肉	50克
剁椒	25克
香葱	15克
白糖	少许
植物油	1大匙

做法

1 金针菇洗净，整齐地摆在盘中，放入蒸锅内，用旺火蒸几分钟，取出，沥去水分，切掉根部。

2 猪五花肉去除筋膜，洗净，切成碎末；香葱去根和老叶，洗净，切成香葱花，用清水浸泡片刻，取出。

3 净锅置火上，加入植物油烧至六成热，下入五花肉末煸炒至干香，放入剁椒、白糖炒匀，出锅，浇在金针菇上，撒上香葱花即可。

新派蒜泥白肉

材料

猪五花肉500克，黄瓜150克，芹菜30克，红尖椒20克，芝麻少许

蒜瓣50克，精盐少许，白糖、花椒粉、香油各2小匙，酱油1大匙，辣椒油2大匙

做法

1 芹菜去根和老叶，洗净，切成细末；红尖椒去蒂及籽，洗净，切成末；黄瓜洗净，用平刀法片成大薄片。

2 蒜瓣剥去外皮，拍碎，剁成蒜蓉，放入大碗中，加入芹菜末、红尖椒末、辣椒油、香油、芝麻、精盐、酱油、花椒粉和白糖调匀成蒜泥味汁。

3 猪五花肉洗净，放入清水锅中烧沸，转小火煮至熟嫩，捞出、凉凉，切成长条薄片，放在黄瓜片上，用筷子卷成筒形，码入盘中，淋入蒜泥味汁即可。

五花肉炒藕片

材料

猪五花肉250克，莲藕150克，香葱15克

大葱、姜块、蒜瓣各5克，豆瓣酱1大匙，白糖、鸡精各少许，植物油2大匙

做法

1. 猪五花肉洗净，切成大片；莲藕去根，削去外皮，洗净，切成片；豆瓣酱剁碎；香葱择洗干净，切成小段；大葱、蒜瓣、姜块分别洗净，切成细末。
2. 净锅置火上，加入植物油烧至六成热，下入五花肉片炒至变色，加入豆瓣酱、葱末、姜末、蒜末炒匀。
3. 放入莲藕片翻炒片刻，加入白糖、鸡精和少许清水炒匀，撒上香葱段，出锅装盘即可。

水煮肉片

材料

猪里脊肉300克，生菜200克，香葱花15克，鸡蛋1个

姜末、蒜末、干红辣椒段各10克，郫县豆瓣酱、淀粉、生抽、清汤、水淀粉、植物油各适量

做法

1 生菜洗净，撕成小块，码放在深盘中垫底；猪里脊肉切成大片（图1），放入碗中，磕入鸡蛋（图2），用手抓拌均匀（图3），加入淀粉拌匀（图4）。

2 净锅置火上烧热，倒入植物油烧至六成热，加入猪肉片冲炸一下，捞出、沥油（图5）。

3 郫县豆瓣酱、生抽、清汤、猪肉片放入锅内烧沸，用水淀粉勾芡（图6），倒在生菜盘内，撒上蒜末、姜末、干红辣椒段，淋入烧热的植物油（图7），撒上香葱花即可。

爆炒月牙骨

难度：中级　时间：25分钟　口味：鲜咸味

材料

月牙骨400克，青椒、红椒各50克

葱花、蒜片各5克，精盐、白糖各1小匙，胡椒粉、五香粉、香油各少许，料酒、老抽各1大匙，植物油适量

做法

1 月牙骨洗净，切成长条，放在容器内，加入少许精盐、白糖、料酒、胡椒粉、香油和老抽拌匀；青椒、红椒去蒂、去籽、去筋，洗净，切成丝。

2 净锅置火上，加入植物油烧至五成热，下入月牙骨条炸至表面呈黄色，捞出、沥油。

3 锅内留少许底油烧热，下入葱花、蒜片炒香，放入青椒丝、红椒丝、月牙骨条略炒，加入精盐、白糖、五香粉翻炒均匀，淋入香油，出锅装盘即可。

烧汁猪肝

材料

猪肝250克，青椒、红椒、洋葱各50克

大葱、蒜瓣各10克，精盐、蚝油、料酒、花椒粉、鸡精、白糖、水淀粉、植物油各适量

做法

1. 青椒、红椒洗净，去蒂、去籽，切成小块；洋葱洗净，切成块；大葱、蒜瓣分别洗净，切成片。
2. 猪肝洗净，去掉白色筋膜，切成大片，加入水淀粉抓匀，放入热油锅内滑散至熟，捞出、沥油。
3. 锅内留底油烧热，加入葱片、蒜片爆香，下入青椒块、红椒块、洋葱块炒至断生，加入料酒、花椒粉、蚝油、猪肝片、鸡精、精盐、白糖炒匀即可。

辣子肥肠

材料

熟猪肥肠300克，胡萝卜、洋葱各50克，泰椒、香葱段各25克

姜片、蒜瓣各10克，精盐、豆瓣酱、麻椒、老抽、白糖、白胡椒粉、鸡精、香油、植物油各适量

做法

1 熟猪肥肠切成小段；泰椒去蒂，切成小段；洋葱洗净，切成小块；胡萝卜去根，削去外皮，洗净，切成小片；蒜瓣去皮、拍散。

2 净锅置火上，加入植物油烧热，加入蒜瓣、姜片、泰椒段、胡萝卜片、豆瓣酱、精盐和少许清水炒匀。

3 放入熟肥肠段、洋葱块、麻椒、老抽、鸡精、白糖、白胡椒粉炒匀，淋入香油，下入香葱段翻炒均匀，出锅装盘即可。

白卤猪手

材料

猪蹄2只

葱段20克，姜片15克，八角10克，精盐1大匙，冰糖、玫瑰露酒各适量

做法

1. 猪蹄刮洗干净，剁去蹄甲，放入小盆中，用精盐反复揉搓，腌渍4小时，取出，换清水冲洗干净。
2. 净锅置火上，加入适量清水，放入葱段、姜片、八角、精盐、冰糖煮至沸，用中火熬煮15分钟成卤味汤。
3. 猪蹄放入卤味汤锅内，加入玫瑰露酒，用旺火煮10分钟，转小火煮1小时至熟嫩，把猪蹄浸泡在卤味锅内并凉凉，捞出猪蹄，剁成块，装盘上桌即可。

豉椒牛肉

材料

牛肉400克，胡萝卜、青椒各25克

豆豉1大匙，精盐、香油各1小匙，料酒、酱油、白糖、水淀粉各1/2大匙，植物油适量

做法

1. 牛肉切成丁，加入少许精盐、料酒、酱油和水淀粉拌匀，腌渍10分钟，放入热油锅内滑至熟，捞出、沥油；胡萝卜、青椒分别洗净，均切成丁。
2. 酱油放入碗内，加入少许清水、精盐、白糖、香油和水淀粉搅拌均匀成芡汁。
3. 锅中加入少许植物油烧热，下入豆豉爆香，加入胡萝卜丁、青椒丁和牛肉丁，烹入芡汁翻炒均匀即可。

麻辣牛筋

材料

鲜牛蹄筋500克，青椒、红椒各30克

精盐、味精、花椒油各1小匙，料酒3大匙，辣椒油1大匙，香油2小匙，卤水适量

做法

1. 鲜牛蹄筋放入锅内，加入卤水和料酒，用中火煮沸，转小火煮2小时至牛蹄筋软烂，捞出、过凉，沥水，切成薄片；青椒、红椒去蒂、去籽，切成小块。
2. 把熟牛蹄筋片、青椒块、红椒块放入容器内，加上精盐、味精、辣椒油、花椒油、香油和少许卤水搅拌均匀，直接上桌即可。

酸辣牛百叶

材料

鲜牛百叶300克，红椒25克

精盐2小匙，味精1/2小匙，米醋1大匙，香油少许，辣椒油2大匙，卤水适量

做法

1. 鲜牛百叶反复搓洗干净，切成大片，放入沸水锅中略焯一下，待牛百叶略微卷缩，捞入凉开水中浸凉，沥净；红椒去蒂、去籽，洗净，切成小块。
2. 精盐、米醋、味精、辣椒油、香油放入小碗中调拌均匀，制成酸辣味汁。
3. 锅内倒入卤水煮沸，放入牛百叶片卤5分钟，捞出，码放在容器内，放入红椒块，淋上酸辣味汁即可。

西红柿拌肥牛

材料

肥牛片150克，西红柿、洋葱各50克，花生碎、薄荷叶、红椒各10克

蒜片、柠檬皮丝各10克，精盐、味精各1小匙，白糖、酱油各2小匙，香油少许

做法

1 西红柿洗净，去蒂，切成小块；洋葱洗净，切成末；红椒去蒂及籽，洗净，切成小丁。

2 净锅置火上，加入适量清水烧沸，放入精盐、柠檬皮丝、肥牛片焯烫一下，捞出、沥水。

3 西红柿块、洋葱末、蒜片、红椒丁放入容器内，加入精盐、白糖、酱油、香油、味精拌匀，放入焯烫好的肥牛片，加入薄荷叶、花生碎拌匀，装盘上桌即可。

手把羊肉

材料

羊排1000克，香菜50克，泰椒25克

葱段、姜片、蒜末各25克，料酒、生抽、红烧汁、白糖、辣椒油、香油各适量

做法

1. 香菜洗净，切成碎末，放在碗内，加入蒜末、生抽、红烧汁、白糖、辣椒油、香油拌匀成香辣汁。
2. 泰椒去蒂、去籽，洗净，切成椒圈，放在小碗内，加入少许生抽、香油和辣椒油拌匀成泰椒汁。
3. 羊排洗净，沿骨缝切成大块，放入清水锅内，加入葱段、姜片和料酒煮沸，用中火煮45分钟至熟，捞出羊排，放在盛器内，带香辣汁、泰椒汁上桌蘸食即可。

葱油羊腰片

材料

羊腰500克，香菜25克

葱丝、姜丝、干红辣椒丝各15克，精盐、料酒各1/2小匙，豉油2大匙，淀粉、葱油、植物油各适量

做法

1. 将羊腰剖开，去除内膜及腰臊，洗净，切成薄片，加入精盐、料酒、淀粉拌匀，腌渍5分钟；香菜去根和老叶，洗净，切成小段。
2. 锅中加入植物油烧至四成热，下入羊腰片滑散至熟，捞出、沥油，装入盘中。
3. 将豉油淋在羊腰片上，撒上葱丝、姜丝、干红辣椒丝、香菜段，淋入烧至九成热的葱油拌匀即可。

糟腌三黄鸡

材料

净三黄鸡	1只
葱段	25克
姜片	15克
青花椒	5克
精盐	1大匙
料酒	2大匙
香糟汁	3大匙

做法

1. 净锅置火上，放入适量清水，加入净三黄鸡煮沸，用小火焯烫5分钟，捞出三黄鸡，过凉。

2. 净锅复置火上烧热，加入清水、净三黄鸡、葱段、姜片和料酒煮沸，用小火煮至三黄鸡熟嫩，捞出。

3. 把香糟汁放入容器内，加入青花椒和精盐，滗入煮三黄鸡的汤汁拌匀成味汁，放入熟三黄鸡腌渍24小时至入味，食用时取出，剁成大块，码盘上桌即可。

葱油鸡

材料

净三黄鸡	1只
葱段、姜片	各25克
葱花、姜末	各15克
精盐	2小匙
胡椒粉	1/2小匙
料酒	1大匙
植物油	2大匙

做法

1 净三黄鸡放入沸水锅内焯烫一下，捞出，换清水洗净，再放入清水锅内，放入葱段、姜片和料酒，用中火煮至熟，捞出三黄鸡；煮三黄鸡汤汁过滤成鸡清汤。

2 锅中加入植物油烧热，放入葱花、姜末炝锅出香味，加入少许鸡清汤、料酒、胡椒粉、精盐炒匀成葱油。

3 把煮熟的三黄鸡剁成大小均匀的块，码放在盘内，浇上炒好的葱油，食用时拌匀即可。

菠萝鸡

材料

鸡腿400克，净菠萝125克，红椒块25克

姜块10克，精盐1小匙，白糖、生抽各2小匙，水淀粉1大匙，植物油4小匙

做法

1 鸡腿洗净，剁成块（图1），放入冷水锅内（图2），用中火烧沸，撇去浮沫（图3），捞出鸡腿块，沥净水分。

2 净菠萝切成滚刀块（图4），放入淡盐水中浸泡片刻，捞出、沥水；姜块去皮，切成菱形小片。

3 锅内加入植物油烧热，放入姜片和鸡腿块炒至变色（图5），加入生抽、白糖、精盐、清水焖至熟，放入菠萝块（图6），撒上红椒块，用水淀粉勾芡（图7），出锅上桌即可。

酸菜鸡丝汤

难度 初级　时间 15分钟　口味 鲜咸味

材料

鸡胸肉、酸菜各100克，胡萝卜、黄瓜、鸡蛋清各少许

精盐1小匙，胡椒粉、味精、鸡精各少许，淀粉1大匙，清汤1000克

做法

1 鸡胸肉切成丝，加入精盐、鸡蛋清和淀粉拌匀；酸菜去根，洗净，切成丝；胡萝卜、黄瓜分别洗净，切成细丝。

2 净锅置火上，加入清水烧至沸，下入鸡肉丝滑散至变色，捞出、沥水。

3 净锅复置火上，加入清汤，下入酸菜丝稍煮，加入精盐、胡椒粉、味精和鸡精调匀，下入鸡肉丝、胡萝卜丝和黄瓜丝煮至熟，出锅装碗即可。

冰糖鸡腿

材料

鸡腿750克

卤料包1个(陈皮、丁香、花椒、桂皮、八角、葱段、姜块各少许),精盐、酱油、冰糖、老汤各适量

做法

1. 将鸡腿去掉绒毛和杂质,用清水漂洗干净,放入沸水锅内焯煮5分钟,捞出、沥水。
2. 净锅置火上,加入老汤煮至沸,放入精盐、冰糖、酱油和卤料包熬煮30分钟成卤汤,放入鸡腿,改用小火卤至鸡腿熟嫩,关火,浸卤15分钟。
3. 捞出浸卤好的鸡腿,剁成大块,码放在盘内,淋上少许卤汁,直接上桌即可。

可乐鸡翅

难度 初级　时间 40分钟　口味 鲜香味

材料

鸡翅	700克
可乐	1听
大葱	25克
姜块	15克
精盐	1/2小匙
植物油	2大匙

做法

1 鸡翅取鸡翅中，去掉表面绒毛，用清水漂洗干净，表面剞上斜刀；大葱去根和老叶，洗净，切成小段；姜块去皮，切成大片。

2 净锅置火上，加入植物油烧至六成热，放入鸡翅中煸炒至变色，下入葱段、姜片炒出香味。

3 滗出锅内多余油脂，加入可乐和精盐，小火烧焖至鸡翅中熟嫩，捞出鸡翅中，码放在盘内，淋上汤汁即可。

辣椒泡凤爪

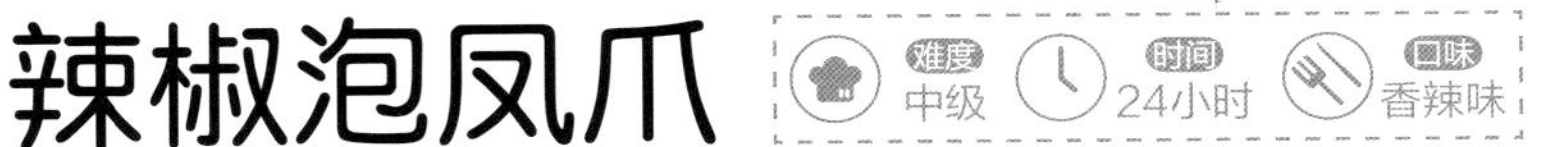

材料

鸡爪(凤爪)12只，青辣椒、红辣椒各50克

姜丝、蒜蓉各25克，白糖5大匙，味精1小匙，白醋2大匙，辣椒粉3大匙，虾酱1大匙

做法

1. 青辣椒、红辣椒去蒂、去籽，切成菱形块；鸡爪洗净，剁去爪尖，放入沸水锅中煮至熟，捞出、沥净。
2. 蒜蓉、白糖、虾酱、白醋、味精、辣椒粉放入容器内，搅拌均匀成腌泡料。
3. 青辣椒块、红辣椒块、鸡爪和姜丝拌匀，一层一层地码入泡菜坛内，每层中间抹匀腌泡料，置于阴凉处腌泡24小时，食用时取出，直接上桌即可。

虎皮豆腐

材料

豆腐1000克

姜块15克，大葱10克，花椒、八角、桂皮各少许，精盐、白糖、酱油、鲜汤、植物油各适量

做法

1. 豆腐用清水洗净，切成大块；大葱择洗干净，切成葱段；姜块洗净，切成小片。

2. 锅内加入植物油烧至六成热，放入豆腐块炸至色泽金黄，捞出、沥油，码放在容器内。

3. 净锅复置火上，加入鲜汤、葱段、姜片、花椒、八角、桂皮、精盐、白糖、酱油煮沸成味汁，倒在盛有豆腐块的容器内浸泡5小时，装盘上桌即可。

蚝油豆腐

难度 中级　时间 25分钟　口味 鲜咸味

材料

豆腐400克，五花肉100克，胡萝卜、青椒各25克

葱花、姜末各10克，精盐、白糖各1小匙，蚝油1大匙，海鲜酱油、料酒、水淀粉各2小匙，植物油2大匙

做法

1 胡萝卜去皮，洗净，切成丁；青椒去蒂、去籽，洗净，切成丁；五花肉剁成碎末；豆腐切成小块，放入沸水锅内，加入少许精盐焯烫一下，捞出、沥水。

2 锅中加入植物油烧热，下入五花肉末、葱花、姜末炒香，烹入料酒，加入海鲜酱油、蚝油和清水煮至沸。

3 放入豆腐块、胡萝卜丁、青椒丁，加入精盐、白糖烧至入味，用水淀粉勾芡，装盘上桌即可。

鱼香豆腐

材料

豆腐500克，香葱15克

姜块、蒜瓣各10克，豆瓣酱1大匙，精盐、白糖、米醋、水淀粉、植物油各适量

做法

1. 香葱去根，洗净，切成香葱花；蒜瓣、姜块去皮，均切成末；豆瓣酱剁碎；豆腐切成2厘米大小的块，放入烧至六成热的油锅内炸至金黄色，捞出、沥油。
2. 锅中留少许底油，复置火上烧热，放入豆瓣酱炒出香辣味，加入姜末、蒜末和少许清水烧沸。
3. 放入白糖、精盐和豆腐块烧5分钟，用水淀粉勾芡，撒上香葱花，淋入米醋，出锅装盘即可。

油豆腐炒韭菜

材料

油豆腐250克，韭菜75克，豆芽少许

葱段、蒜片各5克，精盐1小匙，海鲜酱油、老抽、白糖、植物油各适量

做法

1 油豆腐切成小条；韭菜去根和老叶，洗净，切成小段；豆芽去根，清洗干净。

2 净锅置火上，加入植物油烧至六成热，下入葱段、蒜片炝锅出香味，放入油豆腐条稍炒。

3 加入海鲜酱油、老抽、白糖和少许清水炒匀，放入豆芽和韭菜段，加入精盐炒匀，出锅装盘即可。

肉末蒸豆腐

难度 中级　时间 15分钟　口味 鲜咸味

材料

内酯豆腐1盒，猪肉末75克，榨菜50克，香葱25克，香菜10克

蒜片5克，酱油2小匙，白糖1小匙，植物油1大匙

做法

1 取出内酯豆腐，放在容器内，切成小块；榨菜切成小丁；香菜洗净，切成碎末；香葱洗净，切成香葱花。

2 净锅置火上，加入植物油烧热，下入猪肉末炒至变色，放入少许香葱花、蒜片和榨菜丁炒匀，加入酱油、白糖和少许清水翻炒均匀，淋在内酯豆腐上。

3 将内酯豆腐放入蒸锅内，用旺火蒸5分钟，取出，撒上香菜末和剩余的香葱花，直接上桌即可。

秘制拉皮

材料

拉皮300克，黄瓜100克，胡萝卜50克，香菜段20克，熟芝麻少许

蒜末10克，精盐1小匙，白糖、味精、芥末油各少许，辣椒油、酱油、芝麻酱、米醋各适量

做法

1 把拉皮切成小段，放入沸水锅中焯烫一下，捞出、过凉，沥净水分；黄瓜洗净，切成细丝；胡萝卜去皮，洗净，切成丝。

2 取小碗1个，加入蒜末、精盐、酱油、米醋、白糖、芥末油、味精、芝麻酱调匀成味汁。

3 拉皮段、黄瓜丝、胡萝卜丝、香菜段放入容器内，加入调好的味汁调拌均匀，放在盘内，淋入辣椒油，撒上熟芝麻，直接上桌即可。

蚂蚁上树

材料

粉丝	100克
猪五花肉	75克
香葱、姜块	各15克
蒜瓣	10克
郫县豆瓣酱	1大匙
精盐	少许
白糖	1小匙
植物油	适量

做法

1. 粉丝用温水浸泡至涨发，捞出，剪成长段；姜块、蒜瓣分别去皮，洗净，切成末；香葱洗净，切成碎末；猪五花肉洗净，切成小粒。
2. 净锅置火上，加入植物油烧热，下入猪肉粒炒至变色，下入姜末、蒜末、精盐和郫县豆瓣酱炒至上色。
3. 放入水发粉丝段略炒，加入少许清水和白糖，继续煸炒均匀，撒上香葱末，出锅装盘即可。

芝麻腐干肉

材料

豆腐干250克，猪里脊肉150克，熟芝麻、香葱末、香菜末各10克

精盐、料酒、海鲜酱油、白胡椒粉、白糖、鸡精、老干妈豆豉、辣椒油、香油、植物油各适量

做法

1. 猪里脊肉切成片，加入料酒、海鲜酱油、白胡椒粉腌渍一下，放入烧至六成热的油锅内冲炸一下，捞出；豆腐干切成片，放入油锅内炸至干香，捞出、沥油。
2. 锅内留少许底油，复置火上烧热，加入料酒、精盐、海鲜酱油和清水，放入猪里脊肉片、豆腐干片炒匀。
3. 加入白糖、鸡精、老干妈豆豉烧至入味，淋入辣椒油和香油，撒上熟芝麻、香葱末、香菜末翻炒均匀，装盘上桌即可。

蚝油焖大虾

材料

大虾500克

姜片5克，精盐少许，番茄酱、蚝油各2大匙，白糖、生抽各1大匙，植物油适量

做法

1 大虾洗净，去掉虾线（图1），放入沸水锅内焯烫至变色，捞出（图2），沥净水分，再放入热油锅内冲炸一下，捞出、沥油（图3）。

2 锅内留少许底油烧热，放入姜片炝锅（图4），加入番茄酱、生抽和蚝油（图5），用旺火炒至浓稠。

3 倒入大虾，用中火烧3分钟（图6），加入精盐和白糖，改用旺火收浓汤汁（图7），装盘上桌即可。

醉基围虾

难度 初级　时间 40分钟　口味 酒香味

材料

基围虾500克

大葱、姜块、蒜瓣各10克，白酒2大匙，酱油、美极鲜酱油、米醋各1大匙，腐乳汁、白糖、胡椒粉各少许

做法

1. 把基围虾漂洗干净，放在干净容器内，加入白酒拌匀，腌渍20分钟，捞出基围虾，码入容器内。
2. 大葱择洗干净，切成细末；姜块去皮，洗净，切成细末；蒜瓣去皮，洗净，切成末。
3. 取小碗，放入葱末、姜末、蒜末，加入酱油、美极鲜酱油、米醋、腐乳汁、白糖、胡椒粉和少许白酒调拌均匀成味汁，浇淋在盛有基围虾的容器内即可。

大虾时蔬汤

材料

大虾200克，油菜100克，水发木耳15克

精盐、酱油、料酒各1小匙，味精少许，香油2小匙，植物油1大匙，清汤适量

做法

1 将大虾洗净，剪去须刺，从虾背处片开，去除虾线；水发木耳去蒂，撕成小块。

2 油菜去掉菜根，取嫩油菜心，洗净，放入沸水锅内略烫一下，捞出、过凉，沥净水分。

3 净锅置火上，加入植物油烧热，放入大虾炒至变色，加入清汤、酱油、料酒、精盐和味精煮沸，放入油菜心、水发木耳块，淋入香油，出锅上桌即可。

虾仁扒油菜

材料

虾仁250克，油菜150克

葱末10克，精盐2小匙，白糖、鸡精、蚝油、水淀粉、香油、花椒油、植物油各适量

做法

1. 虾仁去掉虾线，放入沸水锅内焯烫一下，捞出；油菜洗净，放入沸水锅内，加入精盐焯烫一下，捞出、沥水。
2. 锅内加入少许植物油烧热，放入油菜、精盐、白糖和鸡精炒匀，淋入香油，出锅，码放在盘内垫底。
3. 净锅复置火上，加入植物油烧热，放上葱末炝锅，加入蚝油、虾仁、鸡精、白糖炒匀，用水淀粉勾薄芡，淋入花椒油，出锅，放在盛有油菜的盘内即可。

鲜虾莼菜汤

材料

大虾200克，莼菜100克

精盐、味精、白醋各1小匙，鸡精1/2小匙，胡椒粉2小匙，淀粉2大匙，鸡汤750克

做法

1. 大虾去头、去壳、留虾尾，从背部划开，去掉虾线，加入少许精盐和淀粉拌匀，轻轻敲打成大片。
2. 将莼菜择洗干净，放入沸水锅中，加入少许精盐焯烫至透，捞出、沥水。
3. 锅中加入鸡汤煮至沸，放入大虾片稍煮，放入莼菜煮至虾片浮起，加入精盐、味精、白醋、鸡精、胡椒粉调好口味，盛入汤碗内即可。

麻辣鳕鱼

材料

鳕鱼400克

葱花、姜片、花椒、干红辣椒段各10克，精盐、料酒、豆瓣酱、米醋、老抽、白糖、胡椒粉、淀粉、水淀粉、植物油各适量

做法

1. 鳕鱼去除黑膜，洗净，擦净表面水分，切成小块，加入精盐、料酒、胡椒粉、淀粉拌匀，放入烧至六成热的油锅内冲炸一下，捞出、沥油。
2. 锅中留少许底油，复置火上烧热，加入豆瓣酱、干红辣椒段、花椒、葱花、姜片炒出香辣味。
3. 加入清水，放入鳕鱼块，加入料酒、米醋、老抽、白糖、精盐烧至入味，用水淀粉勾芡，出锅上桌即可。

海鲜冬瓜羹

材料

冬瓜200克，虾仁、鲜贝、芥蓝片、火腿片各50克，枸杞子10克

精盐1小匙，香油1/2小匙，鸡精、胡椒粉各少许，水淀粉1大匙，清汤适量

做法

1 冬瓜去皮及瓤，洗净，切成小块，放入榨汁机中打成冬瓜蓉，取出，放入蒸锅中蒸至熟，取出。

2 虾仁去除虾线，洗净，切成小丁；鲜贝洗净，与芥蓝片、火腿片一起放入沸水锅中焯透，捞出、沥水。

3 净锅置火上，加入清汤烧沸，下入冬瓜蓉、虾仁、鲜贝、芥蓝片、火腿片、枸杞子略煮，加入精盐、鸡精，用水淀粉勾芡，加入胡椒粉，淋入香油，出锅装碗即可。

海蜇皮拌白菜心

材料

水发海蜇皮250克，白菜150克，香菜段20克

干红辣椒段、花椒各10克，精盐、蜂蜜、味精、酱油、米醋、香油、植物油各适量

做法

1. 白菜洗净，切成细丝；水发海蜇皮洗净，切成细丝，放入沸水锅中焯烫一下，捞出、过凉，沥净水分。
2. 锅中加入植物油烧热，下入干红辣椒段、花椒炸出香味，出锅，凉凉成麻辣油。
3. 小碗内加入精盐、米醋、酱油、味精、香油、蜂蜜调拌均匀成味汁；将水发海蜇皮丝、白菜丝放入盘中，倒入味汁，淋入麻辣油拌匀，撒上香菜段即可。

川香象拔蚌

材料

象拔蚌肉200克，杏鲍菇150克，杭椒、泰椒各少许

葱段、姜片各10克，青花椒5克，精盐、蚝油、鸡精、白糖、鲜露、水淀粉、植物油各适量

做法

1 象拔蚌肉切成段，放入沸水锅内焯烫一下，捞出、沥水；杭椒、泰椒分别切成小块；杏鲍菇切成条，放入热油锅内冲炸一下，捞出。

2 锅中留少许底油烧热，下入葱段、姜片、青花椒炝锅出香味，放入杭椒块、泰椒块炒出香辣味。

3 加入蚝油、精盐、鸡精、白糖和鲜露烧沸，放入象拔蚌肉、杏鲍菇条炒匀，用水淀粉勾芡，出锅装盘即可。

海鲜莴笋汤

难度 中级　时间 15分钟　口味 鲜咸味

材料

大虾6只，莴笋150克，水发鱿鱼100克，蚬子80克

葱末、姜末各少许，精盐1小匙，鸡精1/2小匙，植物油1大匙，清汤1500克

做法

1 莴笋去根、去皮、洗净，切成小条；水发鱿鱼洗净，剞上花刀，切成小块；大虾、蚬子分别收拾干净。

2 净锅置火上，加入适量清水烧沸，放入水发鱿鱼块、蚬子焯烫一下，捞出、冲净。

3 锅中加入植物油烧热，下入葱末、姜末炒香，添入清汤煮至沸，放入鱿鱼块、蚬子、大虾、莴笋条煮5分钟，加入精盐、鸡精调好口味，出锅装碗即可。

清汤鲍鱼

材料

罐头鲍鱼半听，熟金华火腿、鲜蘑菇、豌豆苗各25克，枸杞子10克

精盐、料酒各2小匙，味精少许，清汤适量

做法

1. 将罐头鲍鱼取出，斜刀切成大片；熟金华火腿刷洗干净，切成大片；鲜蘑菇去蒂，洗净，斜刀切成小片；豌豆苗择洗干净；枸杞子洗净。
2. 锅中加入少许清汤烧沸，分别放入熟金华火腿片、鲜蘑菇片、鲍鱼片、豌豆苗焯烫一下，捞入汤碗内。
3. 净锅复置火上，加入清汤、枸杞子、料酒、精盐、味精煮沸，撇出表面浮沫，倒入盛有鲍鱼的汤碗中即可。

图书在版编目（CIP）数据

早餐 晚餐 / 李光健编著. -- 长春 : 吉林科学技术出版社, 2018.9
ISBN 978-7-5578-4993-1

Ⅰ. ①早… Ⅱ. ①李… Ⅲ. ①食谱 Ⅳ. ①TS972.12

中国版本图书馆CIP数据核字(2018)第170385号

早餐 晚餐

ZAOCAN WANCAN

编　　著　李光健
出 版 人　李　梁
责任编辑　张恩来
封面设计　长春创意广告图文制作有限责任公司
制　　版　长春创意广告图文制作有限责任公司
开　　本　720 mm × 1 000 mm　1/16
字　　数　150千字
印　　张　8
印　　数　1-6 000册
版　　次　2018年9月第1版
印　　次　2018年9月第1次印刷
出　　版　吉林科学技术出版社
发　　行　吉林科学技术出版社
地　　址　长春市人民大街4646号
邮　　编　130021
发行部电话/传真　0431-85677817　85635177　85651759
85651628　85600611　85670016
储运部电话　0431-86059116
编辑部电话　0431-85610611
网　　址　www.jlstp.net
印　　刷　吉林省创美堂印刷有限公司
书　　号　ISBN 978-7-5578-4993-1
定　　价　28.80元